ELECTRÓNICA
PARTE 2

PARTE 2 DE FUNDAMENTOS DE DISPOSITIVOS ELECTRÓNICOS Y CIRCUITOS ELECTR

AF891212

AMPLIFICADORES OPERACIONALES

DEFINICIONES

- Un amplificador operacional básico (véase la guía Electrónica 1, *Parte 1*) permite la operación de diferencia matemática y puede modificarse para realizar la suma, integración y diferenciación. Por tanto, el amplificador diferencial también está diseñado como un **amplificador operacional** (amp-op).
- Un amp-op representa, en esencia, un circuito electrónico de alta ganancia destinado para amplificar la diferencia en los voltajes de señal aplicados a sus dos terminales de entrada, a saber, las entradas inversora (-) y no inversora (+) (véase la figura 1).

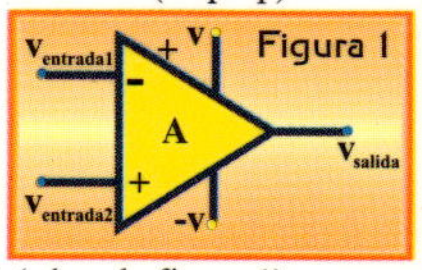

- En forma simple (figura 2) un amp-op constituye un amplificador diferencial compuesto, por ejemplo, de un par de BJT controlados por una fuente de corriente constante (*I*). Los JFET y los MOSFET también pueden ser utilizados como pares diferenciales.

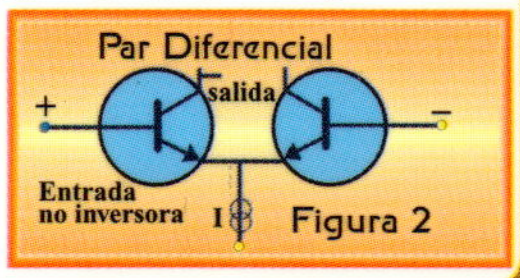

CARACTERÍSTICAS DEL AMP-OP IDEAL

- Ganancia de voltaje nominal, $A \to \infty$.
- Impedancia de entrada (en ambas entradas) $Z_{entrada} \to \infty$
- Impedancia de salida $Z_O \to 0$
- Ambos transistores son idénticos.
- $v_0 = Av_{entrada1} = Av_{entrada2}$; o, si $v_{entrada1} = v_{entrada2}$, $v_0 = 0$.
- Ancho de banda (AB) = ∞.
- Con los transistores bipolares puede ser difícil obtener una impedancia de entrada muy alta.
- Los JFET y MOSFET proporcionan capacidades de impedancia de entrada alta.

PARÁMETROS OPERACIONALES DEL AMP-OP IDEAL

- *Con referencia a las características operacionales de los modos típicos de inversión (figura 3, arriba a la derecha) y no inversión (figura 4):*
- **Corriente de polarización de entrada.** Ésta es la corriente del emisor en el amplificador diferencial para la operación de la región activa del par de BJT (por ejemplo **0.05 μA para el amp-op 741)** que llega a través de R_2, de modo que $v_{salida} = (0.05 \times 10^{-6} \times R_2)$ volts. Esto podría ser suficientemente grande para saturar la salida. La saturación es superada al introducir $R_x = R_1 \| R_2$ y hacer los ajustes para nivelar la corriente de compensación de entrada debido a cualquier diferencia en la configuración de par diferencial (figura 3).
- **VOLTAJE DE COMPENSACIÓN DE ENTRADA (≈ ±60 *mV*):** éste se requiere en la entrada como un voltaje contador para compensar el voltaje de desequilibrio finito debido a un flujo desigual de corriente a través de los dispositivos de par diferencial en el amplificador operacional, de manera que este balance proporcione un voltaje de salida cero.
- **CMRR:** cuando el amplificador operacional está idealmente balanceado en la entrada, la salida de voltaje es igual a cero. Es decir, $v_{entrada1} = v_{entrada2}$ y este circuito puede rechazar señales en modo común debido a su ganancia en modo común (A_c) = 0. Para señales en modo diferencial ($v_{entrada1} - v_{entrada2}$), la ganancia ($A_d$) $\to \infty$. La razón $A_d/A_c \triangleq$ **razón de rechazo en modo común** (CMRR, Common Mode Rejection Ratio). En los amplificadores operacionales prácticos $A_c > 0$ y $A_d < \times$; o, CMRR es finita e indica la extensión del balance en el amplificador operacional (un parámetro de coeficiente de mérito).
- **OSCILACIÓN DEL VOLTAJE DE SALIDA:** ésta es la oscilación de salida pico con referencia a cero para la salida. Se encuentra limitada por los voltajes utilizados de la fuente de alimentación (≈80% del voltaje de la fuente de alimentación ±V).
- **OSCILACIÓN DEL VOLTAJE DE ENTRADA:** la ...ón del voltaje de entrada en modo común está limitada ...aturación del amplificador diferencial en la entrada: ... del voltaje de la fuente de alimentación ±V).
- ...**EZ DE RESPUESTA ("Slew Rate"):** máxima tasa a ...l voltaje de salida puede cambiar. (Volts/microsegun... ...a amplificadores operacionales ideales, la rapidez de ...a tiende a → ∞.
- ...**PARÁMETROS:** 1) ancho de banda; 2) corriente ...a máxima disponible cuando la terminal de salida se ...e a tierra. 3) PSRR (Power Supply Rejection Ratio): cambio en el voltaje de compensación de entrada respecto al cambio correspondiente en uno de los voltajes de la fuente de alimentación (± V). PSRR ideal = 0; en la práctica, es del orden de unos cuantos $\mu V/V$.

ATENUACIÓN PROGRESIVA DE FRECUENCIA

Es la disminución de la ganancia de voltaje a altas frecuencias. Esto se indica mediante un producto de ganancia-ancho de banda. La atenuación progresiva a altas frecuencias se consigue mediante compensación de frecuencia.

AMPLIFICADOR INVERSOR (AMPLIFICADOR DE TIERRA VIRTUAL)

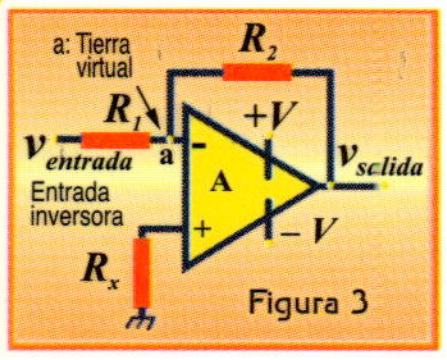

El nodo **a** es casi un potencial a tierra.
- Ganancia de voltaje en circuito cerrado $v_{salida} / v_{entrada} = -R_2/R_1$
- Impedancia de entrada = R_1.
- Impedancia de salida = R_o.

$$\equiv \frac{\text{Impedancia de salida del AMP-OP} \times \text{Ganancia de circuito cerrado}}{\text{(Ganancia de circuito abierto)}}$$

AMPLIFICADOR NO INVERSOR

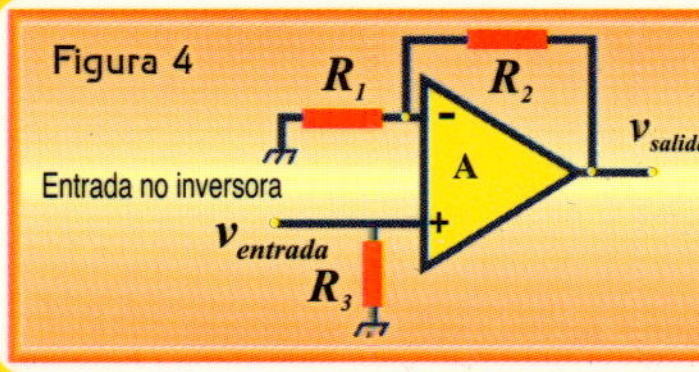

$A_v = 1 + R_2/R_1$

$Z_{entrada} = R_3$

$Z_{salida} \to$ Baja

INTEGRADOR (FILTRO PASA BAJAS)

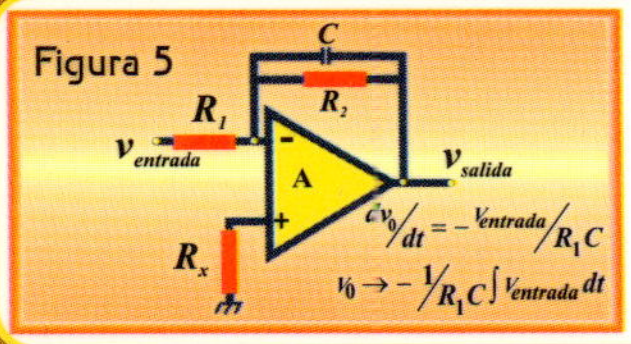

$dv_0/dt = -v_{entrada}/R_1C$

$v_0 \to -1/R_1C \int v_{entrada}\,dt$

- R_2: Proporciona retroalimentación negativa para necesidades de impedancia de salida baja. Pero también distorsiona la salida.

DIFERENCIADOR (FILTRO PASA ALTAS)

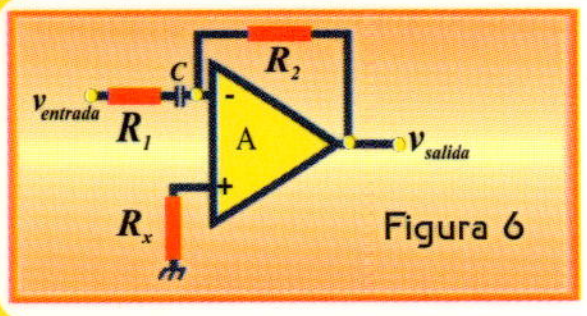

- Operación inversa del circuito integrador.

FIJADOR DE NIVEL

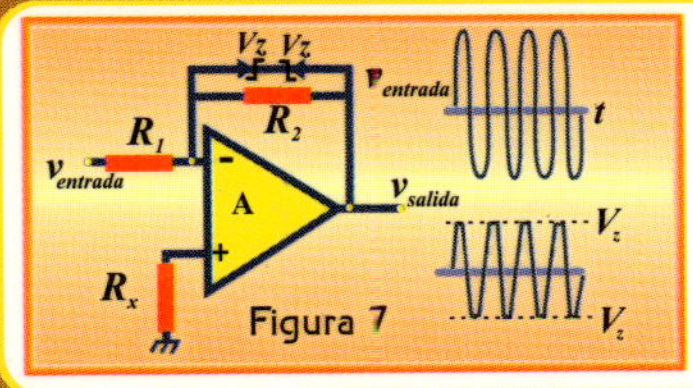

- La salida se encuentra fijada al voltaje Zener V_z.

CONVERTIDORES LINEALES DE VOLTAJE A CORRIENTE

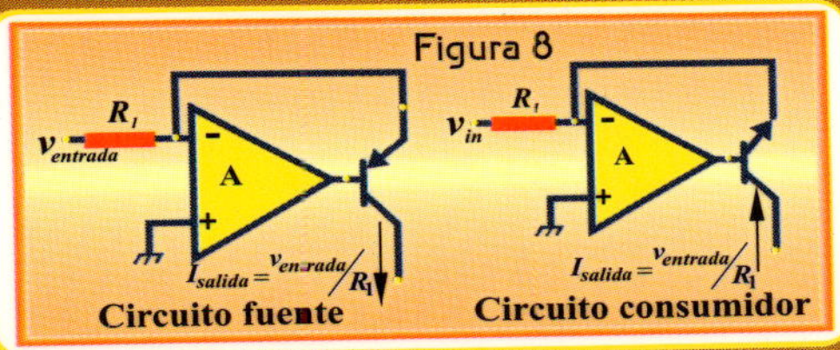

AMPLIFICADOR LOGARÍTMICO

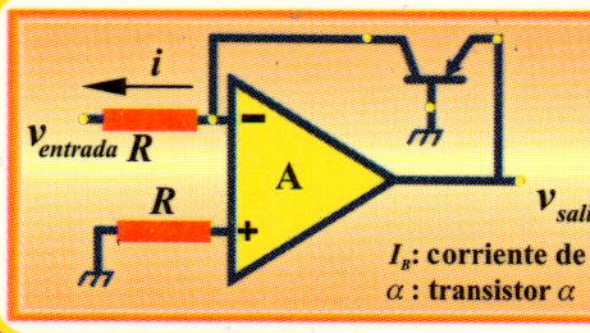

Figura 9

$$v_o = \frac{k_B T}{q} \ln\left(\frac{v_{entrada}}{\alpha I_B R}\right)$$

I_B: corriente de saturación inversa del EBJ
α: transistor α

AMPLIFICADOR DE CARGA

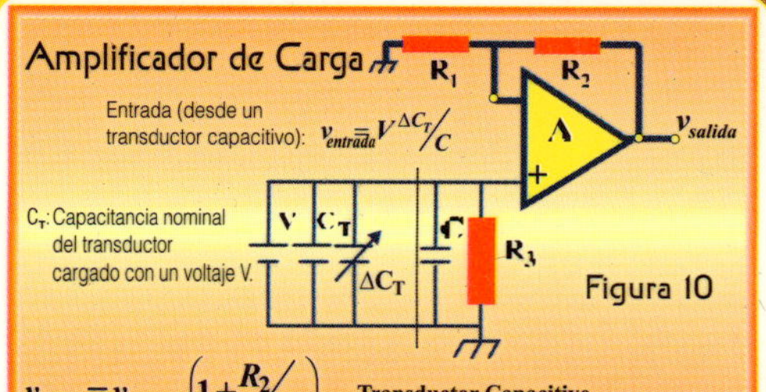

$v_{salida} = v_{entrada}\left(1 + R_2/R_1\right)$ **Transductor Capacitivo**

RECTIFICADOR DE PRECISIÓN Y DETECTOR DE PICOS

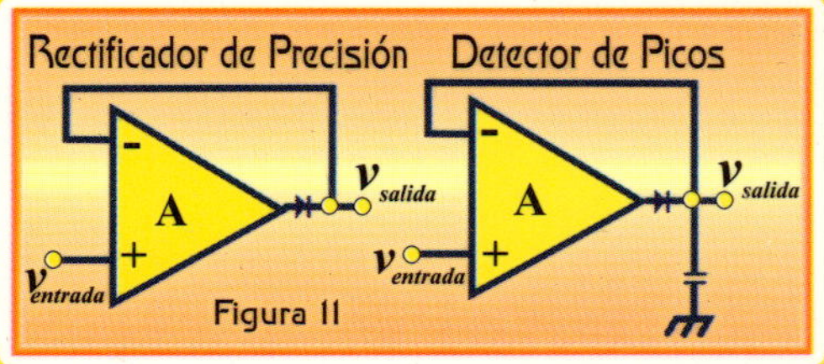

SEGUIDOR DE VOLTAJE (AMPLIFICADOR DE GANANCIA UNITARIA)

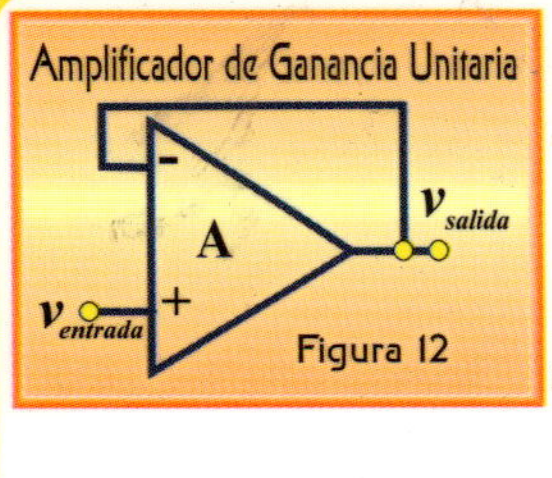

El voltaje de salida "sigue" al voltaje de entrada. Utilizado como un amplificador de búfer con realización de impedancia de salida de entrada alta/salida baja.

$Z_{entrada} = A[R_{entrada}\text{(Dispositivo)}]$

$Z_{salida} = \frac{[R_0\text{(Dispositivo)}]}{A}$

FUENTE DE ALIMENTACIÓN REGULADA

El diodo Zener ofrece un voltaje de referencia constante (V_z). La polarización derivada del voltaje sin regular (V_B), vía división de potencial entre R_1 y R_2, y el voltaje de referencia Zener se comparan mediante un amplificador de inversión para proporcionar un voltaje de salida estable.

$$V_{salida} = V_z(1 + R_1/R_2) \text{ y } I_z = (V_{salida} - V_z)/R_3$$

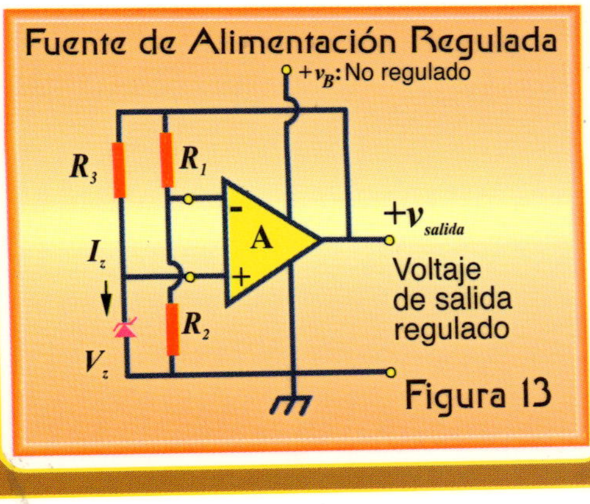

DISPOSITIVOS UNIPOLARES
TRANSISTORES DE EFECTO DE CAMPO (FET)

DEFINICIONES

- La corriente del dispositivo es determinada por un solo tipo de portador de corriente (unipolar).
- La corriente interior del dispositivo está controlada por un campo eléctrico aplicado en la trayectoria de los portadores de corriente.

TIPOS DE FET

- **JFET (Junction Field Effect Transistor, transistor de unión de efecto de campo):** en el JFET, la resistencia de la trayectoria de corriente está modulada por la aplicación de voltajes de polarización a las uniones **PN** adyacentes al mismo.
- **MOSFET (Metal-Oxide Semiconductor FET, FET semiconductor de metal-óxido):** en el MOSFET no hay uniones. El campo eléctrico de control es aplicado para regular la resistencia de una trayectoria de conducción principal *por medio de* una capa aislante.

MODOS DE OPERACIÓN DEL FET

- **Operación en modo de agotamiento:** el campo eléctrico de control reduce el número de portadores disponibles para conducción.
- **Operación en modo de acrecentamiento:** la aplicación del campo eléctrico ocasiona un incremento en la densidad de portadores mayoritarios en las regiones de conducción del transistor.

JFET: OPERACIÓN DEL DISPOSITIVO

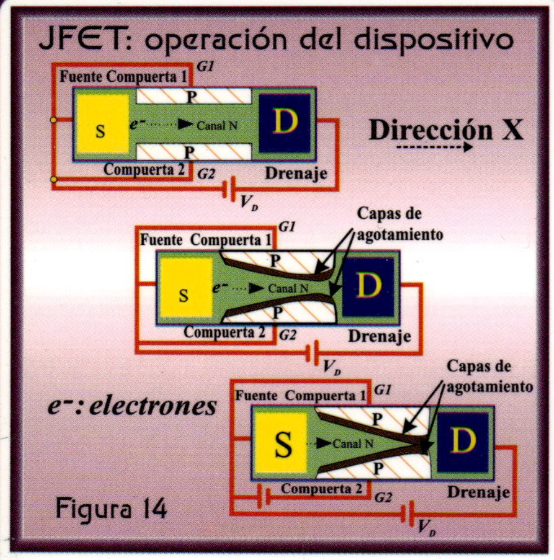

Figura 14

Debido a la aplicación del voltaje a través de la interfaz **fuente (S, "source") - a - drenaje (D, "drain")** los electrones fluyen de **S** a **D** (flujo de portadores mayoritarios). La trayectoria entre **S-D** tiene resistencia óhmica. Por tanto, el flujo de la corriente de electrones provocaría una caída de voltaje y el potencial en cualquier punto a lo largo de esta trayectoria (dirección x) se incrementaría en dirección de la fuente al drenaje (llegando a ser más positivo hacia el extremo del drenaje). Puesto que las compuertas (enlazadas en conjunto) se encuentran conectadas a la fuente, la región N del **canal** y las regiones de la **compuerta** formarían una unión PN inversamente polarizada.
El alcance de la polarización inversa aumenta progresivamente desde el extremo de la fuente hasta el extremo del drenaje. Proporcionalmente, las capas de agotamiento formadas se harán más anchas cerca del extremo del drenaje como se aprecia en la ilustración.
Lo normal es que las compuertas tipo P (G_1 y G_2) se encuentren fuertemente dopadas en relación con la región del canal N. Por consiguiente, el canal tiene (relativamente) alta resistencia. De aquí, la capa de agotamiento se ensancha de manera predominante en la región del canal: Supongamos que V_D se incrementa. En consecuencia, la capa de agotamiento dentro del canal se ensancha más. Como resultado, con el tiempo las dos capas de agotamiento se encuentran entre sí. Por tanto, el canal se cierra, y no permite el flujo de electrones a través del mismo. Esta condición se conoce como **estrangulamiento o constricción ("pinch-off")**.

CARACTERÍSTICAS DE SALIDA DEL JFET

- Supongamos que se aplica una polarización adicional entre las compuertas y las terminales de fuente:
- Sea $V_G = 0$. En ausencia de corriente de drenaje, la capa de agotamiento es uniforme a lo largo del canal. A medida que V_D se incrementa, I_D aumenta. La correspondiente caída de voltaje a lo largo del canal provoca una trayectoria en forma de cuña debido a las razones discutidas con anterioridad. En constricción, la corriente de drenaje permanece constante en un valor saturado.
- Cuando se aplica V_G: esto proporciona polarización inversa adicional. Por consiguiente se presentará la constricción en caso de una V_D inferior y la correspondiente $V_{D(sat)}$ también será más pequeña. De aquí, la aplicación de V_G modula la dimensión del canal y reduce a I_D. Esto es una operación en modo de agotamiento. La corriente del canal disminuye a medida que se incrementa el voltaje de compuerta.

OPERACIÓN LINEAL DEL JFET

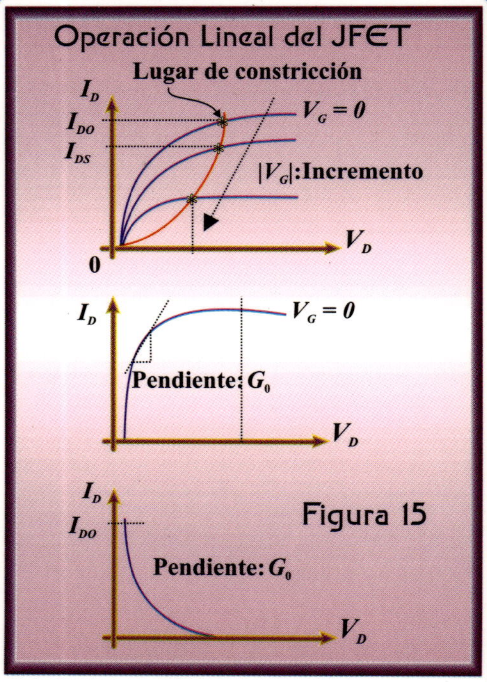

Figura 15

Supongamos que el canal se encuentra ligeramente dopado en relación con las compuertas, es decir, $N_{a(compuertas)} >> N_{d(canal)}$. ∴ El grosor de la capa de agotamiento en el canal N es $d_n \cong \left[2\varepsilon \frac{V_0 + V_G}{eN_D}\right]^{1/2}$ ∴ A medida que V_G cambia, d_n se modifica.

[V_0: potencial de contacto; N_a y N_d son concentraciones del aceptor y del donante; ε: permitividad del canal.]

Sea V_{P_0} el valor de V_g para el cual se presenta la constricción. La $\Delta I_D = 0$. Para $V_G < V_{P_0}$,

$$I_D \approx G_0\left[1 - \left(\frac{V_G}{V_{P_0}}\right)^{1/2}\right]V_D$$

donde G_0 = **conductancia de canal** con condición de polarización cero ($V_G = 0$):

$$G_0 = (eN_d\mu_e) \times \frac{\text{Área de sección transversal del canal}}{\text{Longitud del canal}}$$

e: carga electrónica m_e : conductividad del electrón

OPERACIÓN DEL JFET

En constricción: $I_{DS} = I_{D_0}\left[1 - \frac{3V_G}{V_P} + 2\left(\frac{V_G}{V_P}\right)^{3/2}\right]$

Características de transferencia: $g_m = \left.\frac{\partial I_{DS}}{\partial V_G}\right|_{V_D} = -I_{D_0}\frac{3V_D}{V_P^2}\left[1 - \left(\frac{V_G}{V_P}\right)^{1/2}\right]$

$g_m \stackrel{\Delta}{=}$ ***Mutua/transferencia (conductancia)***

$= \text{Máx } g_m = g_m|_{V_G=0} = g_{m_0} = \frac{-3I_{D_0}}{V_P} = -G_0$

= Conductancia del canal con polarización cero

$$g_m \cong g_{m_0}\left[1 - \left(\frac{V_G}{V_P}\right)^{1/2}\right]$$

MOSFET

DEFINICIONES

⇒ Dispositivo de canal inducido/FET de compuerta aislada (IG FET, Insulated Gate FET).
- La compuerta se encuentra totalmente aislada del semiconductor por medio de una delgada capa de SiO_2.
- El voltaje aplicado en la compuerta induce un canal conductor dentro del semiconductor y modula su conductividad.

MOSFET TIPO DE ACRECENTAMIENTO (MEJORADO)

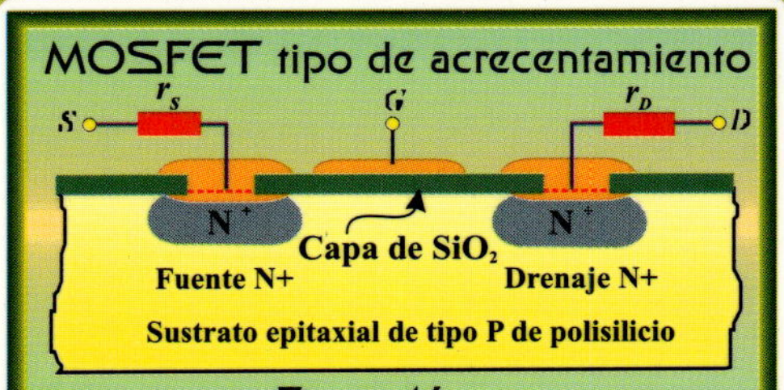

Figura 16

SiO_2 ⇒ 100 a 300 A° (Capa de aislante térmicamente creciente.)

OPERACIÓN DEL MOSFET

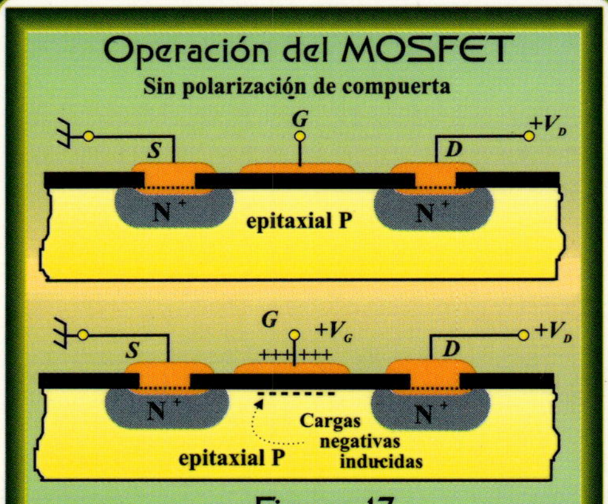

Figura 17

Supongamos que no se aplica voltaje de compuerta. Entonces la unión N⁺P en la fuente, además de la unión PN⁺ en el drenaje, se encuentran inversamente polarizadas. Por tanto no fluye corriente de drenaje. Supongamos que se aplica un pequeño $+V_G$ en la compuerta. El voltaje positivo en la parte superior del dieléctrico de SiO_2 podría introducir cargas negativas por debajo de esta capa. Estas cargas negativas agotarán los huecos de la capa epitaxial P, exponiendo los iones del aceptor negativamente cargados, es decir, se formará una capa de agotamiento precisamente por debajo de la compuerta como se ilustra en la figura 17. Un incremento adicional en $+V_G$ inducirá más y más cargas negativas bajo la compuerta, con el resultado de que hay una copiosa acumulación de cargas negativas bajo la compuerta formando una capa inducida negativa que constituye un **"canal" (canal inducido)** entre la fuente y el drenaje como se muestra en la figura 18.

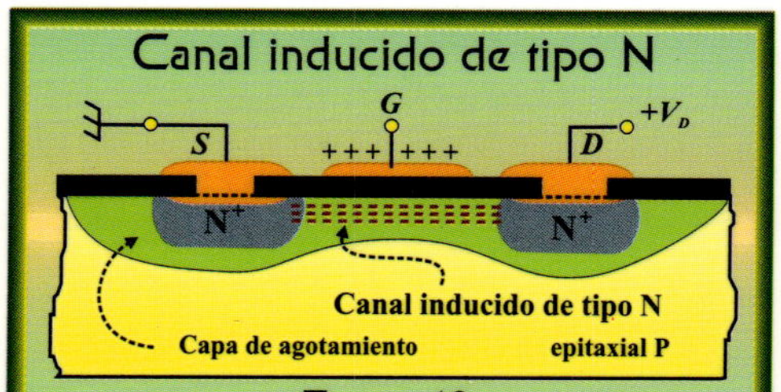

Figura 18

Una vez que el canal es inducido entre la **S** y el **D**, los electrones se desplazan a través de este canal, con el resultado de que se tiene una corriente de drenaje. Por consiguiente, el canal inducido constituye una trayectoria óhmica. La conductividad de este canal es dependiente de la magnitud de V_G. En otras palabras, la conductividad del canal es modulada por V_G. Por tanto, entre más V_G haya, habrá más I_D. De esta manera, el dispositivo funcionará en el modo de acrecentamiento.

CARACTERÍSTICAS DE SALIDA DEL MOSFET

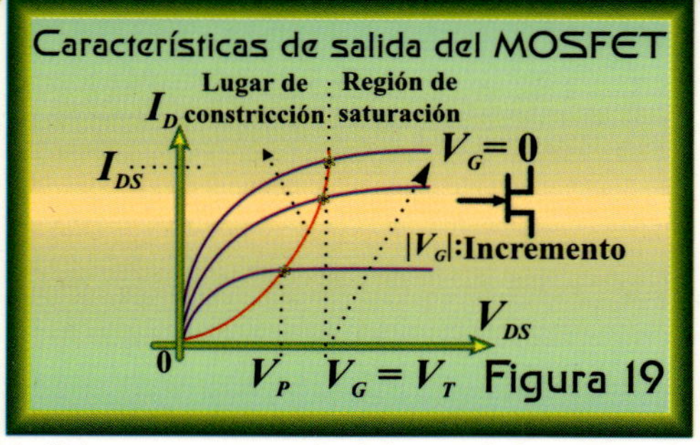

Figura 19

Análisis: supongamos que el voltaje en x a lo largo del canal sea $V(x)$. $I_D = \left(\frac{\mu_e C_g}{L^2}\right)(V_G - V_T - V_D/2)\,V_D \Rightarrow I_D$ versus V_D es válida mientras $V_G - V(x) > V(t)$. Nota: L = longitud del canal. Para algún voltaje de compuerta V_{G1} con $V(x) = V_D$, el canal se abre y el flujo de cargas a lo largo del canal llega a ser constante; es decir, para $V_D = V_{G1} - V_T$,

$$I_{ds} = \frac{\left(\frac{\mu_e C_g}{l^2}\right)\left(V_{G_1} - V_T\right)^2}{2}$$

$$\left.\frac{\partial I_D}{\partial V_G}\right|_{V_D} \Rightarrow g_m = \frac{\mu_e C_g}{L^2} = \mu_e C_g \frac{V_D}{L^2} \triangleq \text{Transconductancia del MOSFET}$$

$$I_{DS} = I_D|_{V_D} = V_G - V_T = \frac{\mu_e C_g}{2L^2}(V_G - V_T)^2 = g_m \frac{V_D}{2}$$

CARACTERÍSTICAS V-I DEL MOSFET DEL TIPO DE ACRECENTAMIENTO

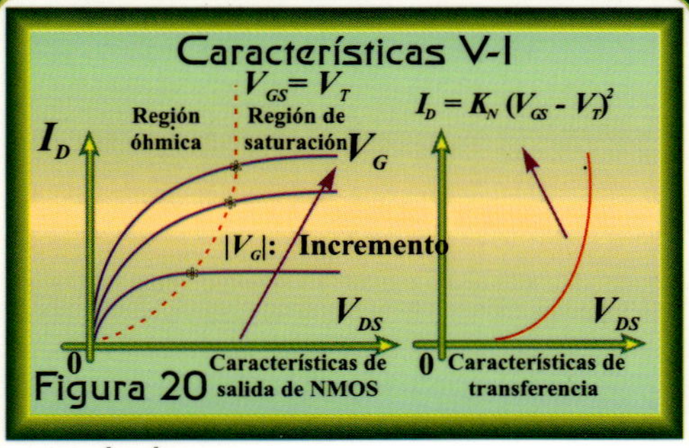

Figura 20

- **REGIÓN ÓHMICA.**

Aquí $V_{DS} \le V_{GS} - V_T$ y la característica V-I es

$$I_D = K_n\left[2(V_{GS} - V_T)V_{DS} - V_{DS}^2\right], \text{ donde}$$

$$K_n = \frac{\mu_e \varepsilon_o \varepsilon_{ox}}{2t_{ox}}\frac{W}{L} = \frac{\mu_e C_g}{2}\left(\frac{W}{L}\right) \text{ y}$$

μ_e = movilidad de superficie de los electrones: $\mu_e = \frac{800cm^2}{V.s}$ en el silicio.
ε_o = permitividad en el espacio vacío **(= 8.85 × 10^{-14} F / cm)**
e_{ox} = constante dieléctrica del SiO_2 ($\cong 4$)
t_{ox} = grosor del óxido; $C_g = e_o e_{ox} LW / t_{ox}$
La división del lugar entre las regiones óhmica y de saturación está dada al sustituir $V_{DS} = (V_{GS} - V_T)$:

$$I_D = K_n V_{DS}^2 = \frac{\mu_n C_g W}{2L} V_{DS}^2 I$$

Este lugar se indica mediante la línea punteada que aparece en la figura 20.

- **REGIÓN DE SATURACIÓN:** aquí $V_{DS} \ge (V_{GS} - V_T)$ y la corriente I_D es aproximadamente constante como se muestra en la figura 20. La característica de transferencia se obtiene al reemplazar V_{DS} en lugar de $V_{GS} - V_T$: $I_D = K_n (V_{GS} - V_T)^2$. Una gráfica de la característica de transferencia se ilustra en la figura 20.
- **REGIÓN DE CORTE:** Aquí $V_{GS} < V_T$, y por tanto $I_D = 0$. El dispositivo se encuentra *APAGADO* en esta región y se utiliza en aplicaciones de conmutación en este modo.

CIRCUITO EQUIVALENTE DE SEÑAL PEQUEÑA Y RESPUESTA DE FRECUENCIA DE LOS FET

Las representaciones simbólicas normales de los JFET y los MOSFET se muestran en la figura 22.

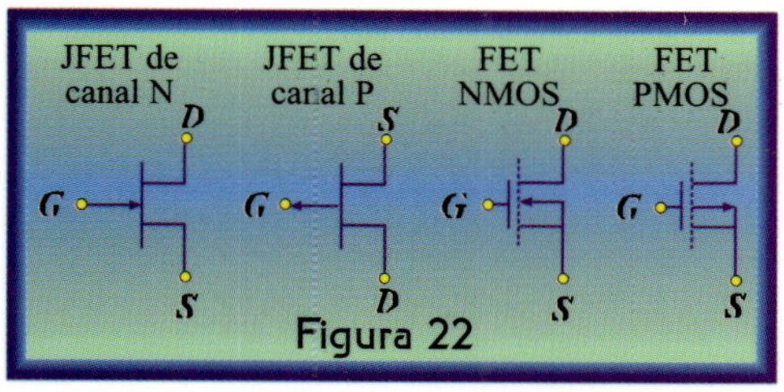

Figura 22

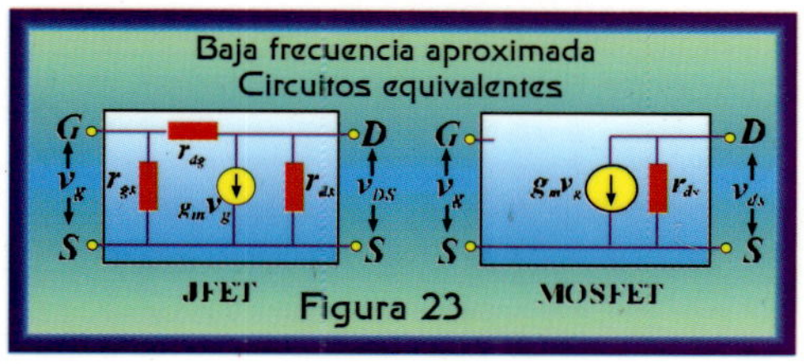

Figura 23

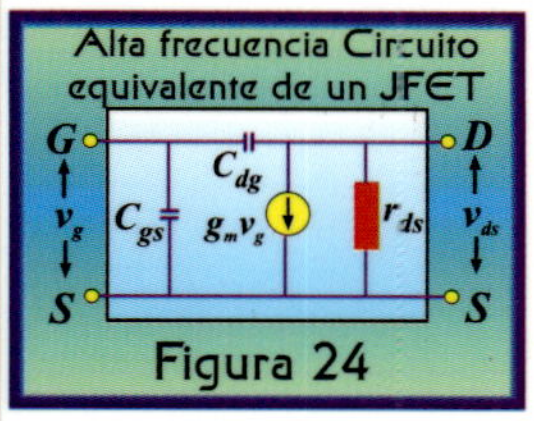

Figura 24

La corriente en un FET es transportada por los portadores mayoritarios que se dejan llevar bajo la influencia de un campo eléctrico, mientras que en los transistores bipolares, la corriente es transportada por medio de la difusión de los portadores minoritarios. Puesto que las velocidades de desplazamiento en los semiconductores son por lo regular mucho más altas que las velocidades de difusión, los tiempos de tránsito de los portadores son mucho más cortos en los FET que en los transistores bipolares. Por esta razón, se podría esperar que los FET tuvieran un intervalo de altas frecuencias mucho más amplio que los dispositivos bipolares.

Una limitación para el rendimiento en altas frecuencias o la velocidad de conmutación de un FET es la capacitancia del canal de compuerta, que debe ser cargada *vía* la resistencia del canal. La constante de tiempo resultante determina el límite superior de la respuesta de frecuencia. El producto de ganancia × ancho de banda, que puede ser derivado del circuito equivalente y es igual a $g_m/2\pi C_g$ se toma por lo regular como un *coeficiente de mérito* para indicar la respuesta de alta frecuencia de un dispositivo en particular

$$\frac{g_m}{C_g} = \mu_e \frac{V_g - V_T}{L^2}.$$

MOSFET (TIPO DE AGOTAMIENTO) DE CANAL DE DIFUSIÓN

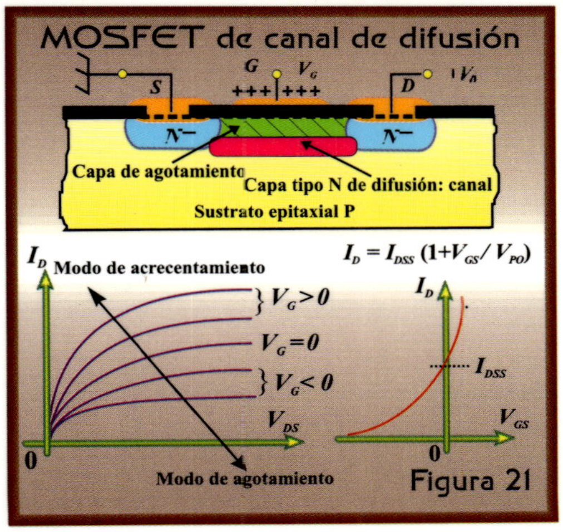

Figura 21

- El MOSFET de canal de difusión puede ser operado tanto como un dispositivo en el modo de agotamiento como en el modo de acrecentamiento (o modo mejorado).
- El dispositivo tiene una delgada capa tipo N de la misma conductividad como fuente o drenaje y se encuentra difundida debajo de la compuerta.
- Cuando la compuerta tiene una pequeña polarización negativa, las cargas positivas resultantes en esta región difundida ocasionan que la capa de agotamiento (conductancia del canal) sea reducida. De este modo la polarización negativa en la compuerta permite la operación en el modo de agotamiento.
- Cuando se aplica una polarización positiva se extraen más electrones dentro del canal, de modo que se provoca mayor población de portadores, es decir, se incrementa la conductancia del canal. Por consiguiente, se desplazaría más corriente o, un incremento en $+V_G$ incrementaría $I_D \Rightarrow$ *operación en modo de acrecentamiento*. Las características V-I indican que las operaciones del circuito de MOSFET de canal de difusión son semejantes a las correspondientes del JFET.

AMPLIFICADOR DE COMPUERTA COMÚN

Circuito amplificador FET de compuerta común (CC) y sus circuitos equivalentes (figura 25).

$$A_v = \frac{v_0}{v_{entrada}} = \frac{(\mu+1)R_L}{r_d + R_L} \cong g_m R_L \text{ para } \mu = g_m r_d >> 1, r_d >> R_L$$

$$R_i = \frac{V_i}{i_1} = \frac{R_L + r_d}{\mu + 1} \cong \frac{1}{g_m} \text{ para } r_d >> R_L; \quad R_0 = \frac{v_0}{i_2} = r_d + (\mu+1)R_G \cong r_d + \mu R_G$$

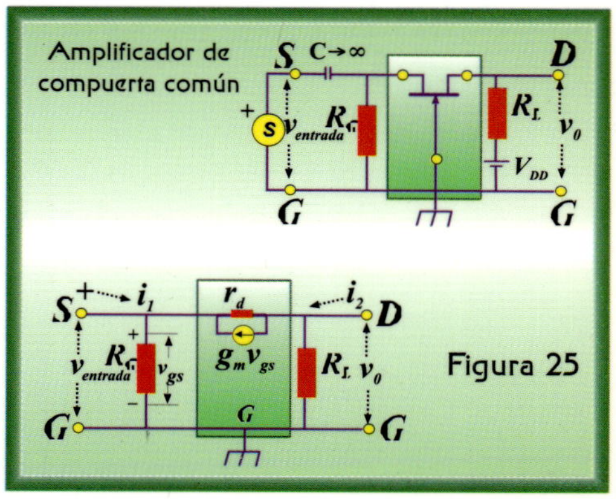

Figura 25

Nota: para configuración ***CC*** la resistencia de salida es muy grande y puede ser considerada como infinita; la resistencia de entrada es relativamente baja. La ganancia de voltaje depende de R_L, y su máximo valor se encuentra alrededor de μ. La configuración ***CC*** en FET es el homólogo de la configuración ***BC*** en los BJT.

AMPLIFICADOR DE FUENTE COMÚN

Un amplificador FET de fuente común (FC) (con la circuitería de polarización de cd) y su circuito equivalente de señal pequeña se muestran en la figura 26.

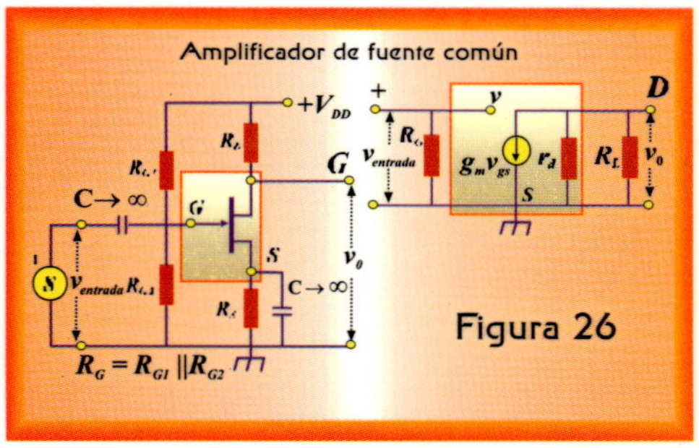

Figura 26

$$R_{entrada} = \infty \qquad R_0 = r_d \qquad v_0 = -g_m\left(r_d \| R_L\right)v_{entrada}$$

$$A_v = \frac{v_0}{v_{entrada}} = -g_m\left(r_d \| R_L\right) \cong -g_m R_L \text{ para } r_d >> R_L$$

$$\left(\frac{v_0}{v_{entrada}}\right)_{máx} = -g_m r_d = \mu >> 1; (\mu \text{ es el factor de amplificación})$$

AMPLIFICADOR DE DRENAJE COMÚN

Un amplificador FET de drenaje común (***DC***) (con la circuitería de polarización) y su circuito equivalente de señal pequeña se muestran en la figura 27.

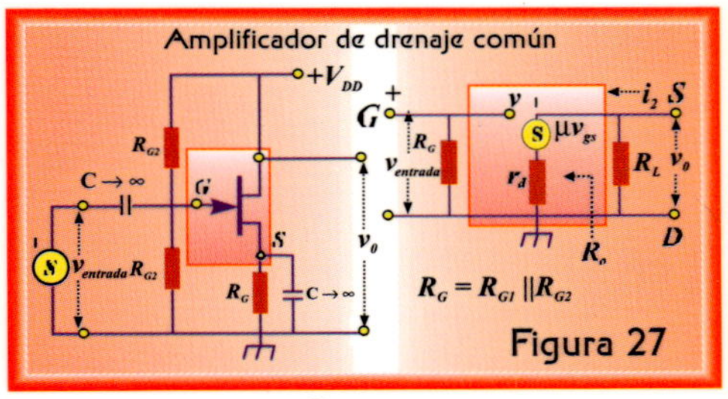

Figura 27

$$R_{entrada} \to \infty;$$

$$R_0 = \frac{v_0}{i_2} = \frac{r_d}{1+\mu} \cong \frac{r_d}{\mu} = \frac{1}{g_m} \text{ para } \mu >> 1$$

$$A_v = \frac{v_0}{v_{entrada}} = \frac{\mu R_L}{(1+\mu)R_L + r_d} \cong \frac{g_m R}{1 + g_m}$$

Para $g_m R_L >> 1$ la ganancia de voltaje está cercana a la unidad. La configuración de **DC** se denomina, por tanto, *seguidor de fuente* (**SF**), puesto que el voltaje de fuente sigue la señal de compuerta de entrada. La configuración **FC** en un FET es la homóloga de la configuración de **CC** en un BJT.

APRENDA FÁCIL

Resumen de JFET y MOSFET

ABRIR

JFET DE CANAL N

Figura 30

Amplificador de fuente común

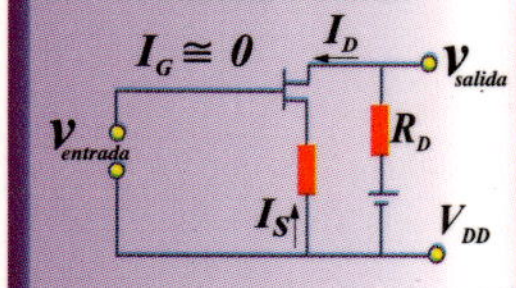

Parámetros

V_T	-
K	I_{DSS}/V_P^2
$\lambda \triangleq 1/V_A$	+
r_0	$\lvert V_A\rvert/I_D$
V_{DS}	+

$v_{entrada} = V_{GS} - I_S R_S$

$v_{salida} = -V_{00} - I_0 R_0 = V_{DS} - I_S R_S$

$Av = \frac{\Delta(v_{salida})}{\Delta(v_{entrada})} = \frac{-R_0}{R_S + 1/g_m}$

Símbolo

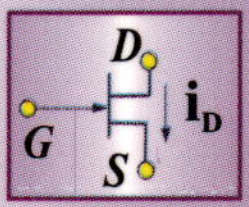

- **Estado activo:** $v_{GS} > V_T$
- **Región de saturación:** $v_{DS} \geq v_{GS} - V_T$; $i_D = K(v_{GS} - V_T)^2(1+\lambda v_{DS})$
- **Región de triodo:** $v_{DS} \leq v_{GS} - V_T$; $i_D = K[2(v_{GS} - V_T)\, v_{DS} - v^2_{DS}]$

MOSFET DE ACRECENTAMIENTO DE CANAL N

Figura 33

Amplificador de fuente común

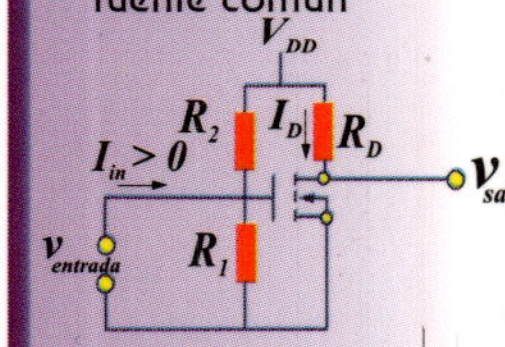

Parámetros

V_T	+
Otros parámetros	Como para el MOSFET de agotamiento de canal N

Símbolo

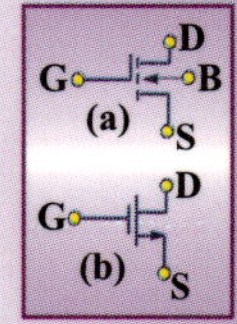

$v_{entrada} = V_{GS}$

$v_{salida} = V_{DD} - I_D R_D = V_{DS}$

$A_v = \frac{\Delta(v_{salida})}{\Delta(v_{entrada})} \cong -g_m R_D$

a) Convencional
b) Cuando el sustrato/cuerpo "B" se encuentra conectado a la fuente

Nota: Diferentes estados y regiones de operación:
⇒ Lo mismo que para el JFET de canal P

ABRIR

JFET DE CANAL P

Figura 31

Amplificador de fuente común

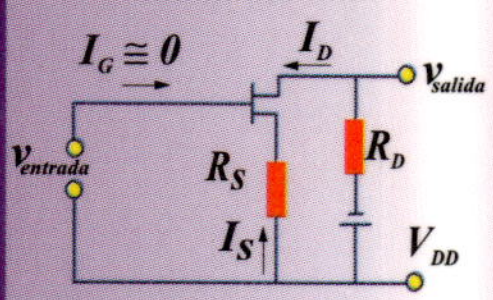

Parámetros

V_T	+
K	I_{DSS}/V_P^2
$\lambda \triangleq 1/V_A$	menos
r_0	$\lvert V_A\rvert/I_D$
v_{DS}	+

$v_{entrada} = V_{GS} - I_S R_S$

$v_{salida} = -V_{DD} - I_D R_D = V_{DS} - I_S R_S$

$A_v = \frac{\Delta(v_{salida})}{\Delta(v_{entrada})} = \frac{-R_0}{R_S + 1/g_m}$

Símbolo

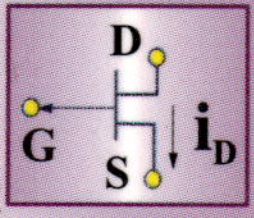

- **Estado activo:** $v_{GS} \leq V_T$
- **Región de saturación:** $v_{DS} \leq v_{GS} - V_T$; $i_D = K[2(v_{GS} - V_T)\, v_{DS} - v^2_{DS}]$
- **Región de triodo:** $v_{DS} \geq V_{GS} - V_T$; $i_D = K[2(v_{GS} - V_T)\, v_{DS} - v^2_{DS}]$

MOSFET DE AGOTAMIENTO DE CANAL P

Figura 34

Amplificador de fuente común

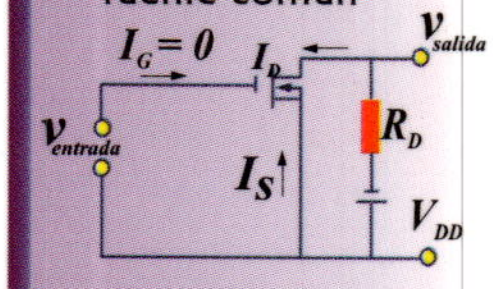

Parámetros

V_T	+
K	$\frac{\mu_n C_{ox} W}{2L}$

Símbolo

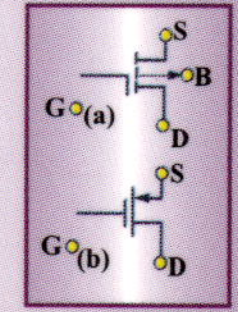

$v_{entrada} = V_{GS}$

$v_{salida} = -V_{DD} - I_D R_D = V_{DS}$

$A_v = \frac{\Delta(V_{salida})}{\Delta(V_{entrada})} \cong -g_m R_D$

a) Convencional
b) Cuando el sustrato/cuerpo "B" se encuentra conectado a la fuente

Nota: Diferentes estados y regiones de operación:
⇒ Lo mismo que para el JFET de canal P

ABRIR

MOSFET DE AGOTAMIENTO DE CANAL N

Figura 32

Amplificador de fuente común

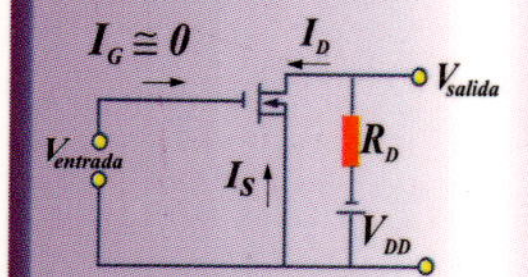

Parámetros

V_T	+
K	$\frac{\mu_n C_{ox} W}{2L}$
Otros	Como para el JFET de canal N

Símbolo

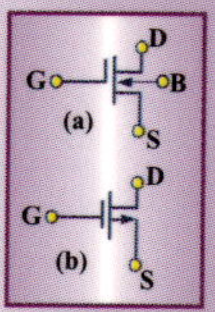

$v_{entrada} = V_{GS}$

$v_{salida} = V_{DD} - I_D R_D = V_{DS}$

$A_v = \frac{\Delta(v_{salida})}{\Delta(v_{entrada})} \cong -g_m R_D$

a) Convencional
b) Cuando el sustrato/cuerpo "B" se encuentra conectado a la fuente

Nota: diferentes estados y regiones de operación:
⇒ Lo mismo que para el JFET de canal P

MOSFET DE ACRECENTAMIENTO DE CANAL P

Figura 35

Amplificador de fuente común

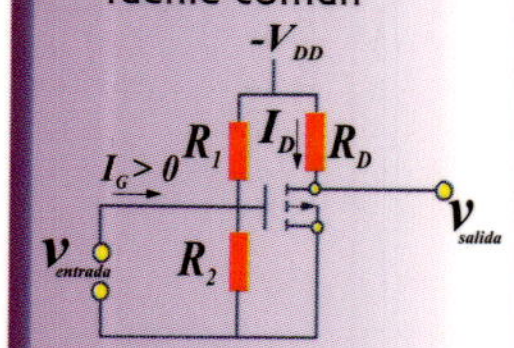

Parámetros

V_T	−
Otros parámetros	Como para el MOSFET de agotamiento de canal P

Símbolo

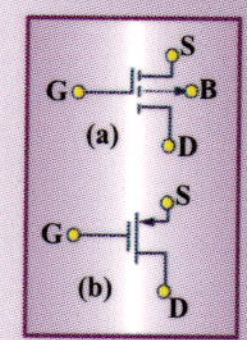

$v_{entrada} = V_{GS}$

$v_{salida} = V_{DD} - I_D R_D = V_{DS}$

$A_v = \frac{\Delta(v_{salida})}{\Delta(v_{entrada})} = -g_m R_D$

a) Convencional
b) Cuando el sustrato/cuerpo "B" se encuentra conectado a la fuente

Nota: Diferentes estados y regiones de operación:
⇒ Lo mismo que para el JFET de canal P

COMPARACIÓN DE AMPLIFICADORES FET

	CC	FC	DC(SF)*
$R_{entrada}$	$1/g_m$	∞	∞
R_0	∞	r_d	$1/g_m$
$A_v = \frac{v_0}{v_{entrada}}$	$g_m R_L$	$-g_m R_L$	$\frac{g_m R_L}{g_m R_L + 1}$

*SF=Seguidor de fuente

AMPLIFICADORES OPERACIONALES REVISADOS

- **AMPLIFICADOR DE INSTRUMENTACIÓN.** Un amplificador diferencial de alto rendimiento con impedancia de entrada alta.
  - $V_o = -(R_4/R_3)(1+R_2/R_1)(V_1 - V_2)$
  - La impedancia de entrada que se presenta en ambas entradas tiende a ser infinita.
  - La impedancia de salida del amplificador diferencial tiende a ser cero.
  - Aplicación: para amplificar señal(es) diferencial(es) de transductores o sensores.
  - R_2 puede ajustarse para obtener compensación nula.

Amplificador de instrumentación

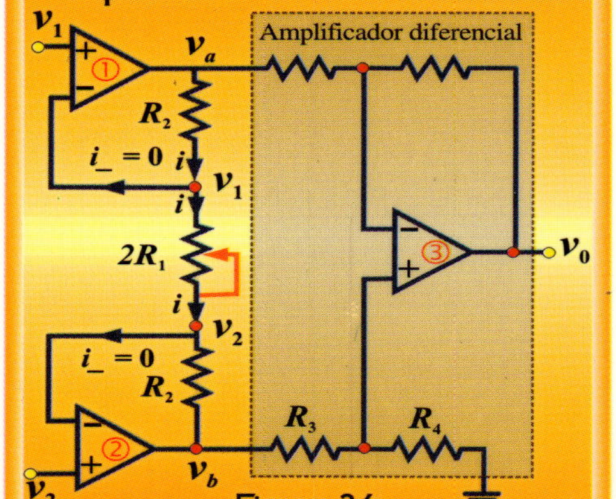

Figura 36

- **AMPLIFICADOR NO INVERSOR CON CA ACOPLADA:**
  - El acoplamiento capacitivo en el amplificador operacional reduce considerablemente la compensación de cd.
  - Se autoriza la presencia de R3 para facilitar una trayectoria de cd continua para cada una de las terminales de entrada.

Amplificador acoplado de CA

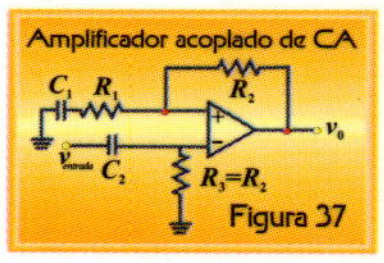

Figura 37

- **RESUMEN DE LOS AMPLIFICADORES OPERACIONALES**
  - Los amplificadores operacionales en circuitos prácticos ofrecen un rendimiento que se compara con las estimaciones teóricas.
  - Un amplificador operacional se compone de:
    a) una terminal de entrada inversora;
    b) una terminal de entrada no inversora;
    c) una terminal de salida;
    d) dos terminales de alimentación + y – con un circuito común de tierra.
  - De manera ideal, un amplificador operacional responde a las dos entradas ($+v_{entrada1}$) y ($-v_{entrada2}$) para producir una salida $V = A(v_{entrada1} - v_{entrada2})$. A se conoce como la ganancia en circuito abierto, la cual es muy grande. (Idealmente $A \rightarrow \infty$; en la práctica, $A \sim 10^4$ hasta 10^6.)
  - Un amplificador operacional ideal tiene una impedancia de entrada infinita (en ambas terminales de entrada) y una impedancia de salida igual a cero.
  - Con una retroalimentación negativa, las ganancias en circuito cerrado son:
    - para entrada inversora, $v_o/v_{entrada1} = R_2/R_1$
    - para entrada no inversora, $v_o/v_{entrada2} = (1 + R_2/R_1)$

Traducción: Ing. Efrén Alatorre Miguel.
Revisión técnica: M. en I. David González Maxinez
9789702403067